写给读者的话

陈维龙 编
陈雨琳 绘

童眼看世界
动物100

动物世界是一个庞大的王国，据动物学家统计，目前地球上已知的动物有150万种之多。从森林到丛林，再到茫茫的沙漠、大草原、湿地、江湖及无际的海洋和天空，都留有他们的足迹、身影，真是无处不在，无处不有。它们当中有的凶猛，有的温顺，有的憨厚，有的狡猾，姿态万千，脾气各异。

为了能让少儿们走进动物王国，发现、了解大自然的奥妙，我们精心选取了一部分有代表性的常见的哺乳动物、两栖爬行动物、江湖海洋动物、禽鸟类动物、昆虫等，让少儿们一窥动物的神奇及人与自然的内在联系。

翻开这本书，我们当然不能了解动物的全部和进入全部的动物世界，但我们能以小见大，进入妙趣横生的动物王国，去探索、去保护、去关爱各种动物，和它们一起和谐相处。

U0254648

东南大学出版社
SOUTHEAST UNIVERSITY PRESS

图书在版编目（CIP）数据

童眼看世界：动物100 / 陈维龙编. —南京：
东南大学出版社，2017.7
ISBN 978-7-5641-7133-9

Ⅰ.①童… Ⅱ.①陈… Ⅲ.①动物—儿童读物
Ⅳ.①Q95-49

中国版本图书馆CIP数据核字（2017）第091644号

童眼看世界：动物100

出版发行	东南大学出版社
社　　址	南京四牌楼2号　　邮编：210096
出 版 人	江建中
网　　址	http://www.seupress.com
经　　销	全国各地新华书店
印　　刷	江苏扬中印刷有限公司
开　　本	787mm×1092mm　1/16
印　　张	7
字　　数	165千
版　　次	2017年7月第1版
印　　次	2017年7月第1次印刷
书　　号	ISBN 978-7-5641-7133-9
定　　价	32.00元

东大版图书若有印装质量问题，请直接与营销部联系。电话（传真）：025-83791830

目 录

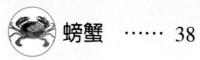

昆虫类动物

禽鸟类动物

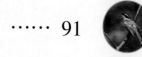

哺乳类动物

什么叫哺乳动物？就是一生下来它们就要吃妈妈的乳汁，靠吃妈妈的乳汁长大，这种动物有大有小，大到大象、河马等，小到老鼠，它们有的生活在陆地，有的生活在海洋，有的甚至还会飞。快来让我们见识一下，与我们人类关系密切的哺乳动物吧！

mǎ

马

马是草食性动物。大约4000年前就被人类驯服,服务于人类的生产、生活。在古代,马曾从事农业生产、军事、交通运输等工作。目前,在一些发展中国家及地区仍以它役用为主。

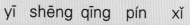
小知识

yī shēng qīng pín xǐ
一 生 清 贫 洗 ,
nài kǔ ná tā bǐ
耐 苦 拿 它 比 。
lù yáo zhī mǎ lì
路 遥 知 马 力 ,
suǒ qǔ méi zì jǐ
索 取 没 自 己 。

niú

牛

　　牛在相当长的时间内都是人类从事农业生产、交通运输的伙伴,与马一样,牛也是草食性动物。一般有黄牛、水牛两种,在我国北方以黄牛为主,南方则以水牛为主。

小知识

chī de shì qīng cǎo
吃 的 是 青 草 ,

jǐ chū shì niú nǎi
挤 出 是 牛 奶 。

mò wéi qiān fū zhǐ
莫 为 千 夫 指 ,

yào zuò rú zǐ niú
要 做 孺 子 牛 。

羊

yáng

羊,一般分为山羊和绵羊两种。但随着社会的发展和进步,繁殖的品种逐步增多。羊属草食性动物,同时也属"孝子"动物,小羊吃奶时,都是双膝跪着承乳。

小知识

yòu xiǎo zì shēn jié
幼 小 自 身 洁 ,

xīn líng bái rú xuě
心 灵 白 如 雪 。

shuāng xī guì chéng rǔ
双 膝 跪 承 乳 ,

nán bào mǔ qīn ēn
难 报 母 亲 恩 。

4

狮子

狮子,主要分布在非洲大陆,属肉食性动物。在动物王国中,它可是兽中之王,捕获对象以大型动物为主,如野牛、斑马、长颈鹿、角马等。在哺育后代时,狮子待子如同保护自己生命一样,舔哺幼儿成长。

小知识

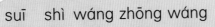

suī shì wáng zhōng wáng
虽是王中王,
xīn sì hǎi mián ruǎn
心似海绵软。
dài zǐ rú jǐ mìng
待子如己命。
tiǎn bǔ yòu ér zhǎng
舔哺幼儿长。

lǎo hǔ
老虎

老虎与狮子同属猫科动物。老虎头上的纹饰似一"王"字,它是名副其实的兽中之王,显得异常威武。食性与狮子一样,能捕获中大型动物,偶尔也捕捉一些小型动物,如猴子、野猪、斑羚羊等。一般情况下,老虎不主动攻击人类。在我国有华南虎和东北虎两种。

小知识

shān zhōng chēng dà wáng
山 中 称 大 王 ,
wēi míng yuǎn piāo yáng
威 名 远 飘 扬 。
jiē chù líng jù lí
接 触 零 距 离 ,
nán bǎo nǐ ān xiáng
难 保 你 安 详 。

bào

豹

豹在大型猫科动物中是比较小的一种食肉性动物。捕获对象以中小型动物为主,如斑羚羊等。豹的动作灵活,奔跑速度快,其选中的目标一般都难逃厄运。

小知识

sì hǔ bú shì hǔ
似 虎 不 是 虎 ,

bǔ liè shì gāo shǒu
捕 猎 是 高 手 。

mù biāo xuǎn zhòng hòu
目 标 选 中 后 ,

nán táo qí zhuǎ kǒu
难 逃 其 爪 口 。

běi jí xióng
北极熊

北极熊,又名白熊。生长在北极,是世界上最大的食肉动物。它攻击捕捉的目标,主要是海洋类动物,如海狮、海豹等。北极熊的嗅觉相当灵敏,一般是犬类的七至八倍。北极熊也是耐寒怕热的动物。

小知识

shēn	chuān	bái	pí	ǎo
身	穿	白	皮	袄 ，

nài	hán	tā	zuì	hǎo
耐	寒	它	最	好 。

jiā	zhù	běi	bīng	yáng
家	住	北	冰	洋 ，

hài	pà	xià	lái	zǎo
害	怕	夏	来	早 。

zhū
猪

猪，一般分为黑、花、白三种。食性杂，只要能吃的东西，它都能食用。走起路来有其独特风格，慢而不急。在动物王国里，猪是一种聪明的动物，但往往被人类视为蠢笨。

小知识

zǒu	lù	màn	téng	téng	
走	路	慢	腾	腾	，
qì	zhì	sài	dà	hēng	
气	质	赛	大	亨	。
rén	mà	wǒ	zuì	bèn	
人	骂	我	最	笨	，
yuān	qū	hēng	jǐ	shēng	
冤	屈	哼	几	声	。

gǒu
狗

狗是人类最忠诚的朋友。早在四万年前,就被人类从狼驯化而来。狗从不嫌主人贫富,即使主人穷得讨饭,它都跟随着,不离不弃。

小知识

zhǔ	rén	pín	rú	xǐ	
主	人	贫	如	洗	,

bù	bǎ	lìng	jiā	xuǎn	
不	把	另	家	选	。

jí	shǐ	qù	tǎo	fàn	
即	使	去	讨	饭	,

gēn	suí	dào	yǒng	yuǎn	
跟	随	到	永	远	。

māo
猫

猫有两种,分家猫和野猫。早在3500年前,就被人类驯化。但猫不像狗一样对人类那么忠诚,主人富有时,它跟随主人形影不离,贫穷时随即离开。

小知识

yào lùn zhōng chéng dù
要 论 忠 诚 度,
māo nán yǔ gǒu bǐ
猫 难 与 狗 比。
yǎng māo wèi fáng shǔ
养 猫 为 防 鼠,
shǔ jiàn māo nì jì
鼠 见 猫 匿 迹。

tù zi

兔子

兔子分布于世界各地。食物以草本科为主。兔子是一种很聪明的动物,有狡兔三窟、兔子蹬鹰、龟兔赛跑等许多故事。

小知识

yī shēng gù shi duō
一 生 故 事 多 ,

jī zhì sài zhū gě
机 智 赛 诸 葛 。

yǎn kàn yǐ bì mìng
眼 看 已 毙 命 ,

sì jiǎo dēng sǐ yīng
四 脚 蹬 死 鹰 。

猴子

hóu zi

猴子是灵长类动物。头脑灵活,四肢发达,是动物世界里最进化的一类动物之一。食物主要是各种坚果和树嫩叶等。

小知识

cōng míng mò rú tā
聪 明 莫 如 它，
xí xìng shù shang pá
习 性 树 上 爬。
shān zhōng wú lǎo hǔ
山 中 无 老 虎，
hóu zi chēng dà wáng
猴 子 称 大 王。

lǎo shǔ

老鼠

老鼠，俗称耗子。食性杂，种类多，狡诈机智。目前世界上有450多种。只要在能生存的地方都有它的踪影，老鼠繁殖快，生命力旺盛，适应能力特别强。在我国被列为"八害"之一。

小知识

yī shuāng zéi liū yǎn
一 双 贼 溜 眼，

jiǎo zhà yòu jī zhì
狡 诈 又 机 智。

tōu chī lā shǐ niào
偷 吃 拉 屎 尿，

hé céng xī mín lì
何 曾 惜 民 力。

dài shǔ
袋鼠

袋鼠是一种有袋动物，故名袋鼠。奔跑靠四肢，前腿短、后腿长，站立或慢走时靠后两腿即可。主要分布在澳大利亚和巴布亚新几内亚的部分地区。主食草本科。育儿靠袋装，也就是妈妈走到哪，小袋鼠带到哪，直到能独立生活。

小知识

sì tuǐ bù yī yàng　hòu cháng qián tuǐ duǎn
四腿不一样，后长前腿短。
zhàn lì néng zǒu lù　sù dù sài bēn mǎ
站立能走路，速度赛奔马。
yǎng ér bú yòng wō　yù nǚ méi yǒu jiā
养儿不用窝，育女没有家。
zǐ nǚ suí shēn dài　fù dài zhuāng zhe tā
子女随身带，腹袋装着它。

dà xiàng
大象

大象，体型像牛，但比牛大，鼻子长、耳朵大，是以家族为单位的群居性动物。走起路来不急不慢。有时几个象群聚在一起有上百只。大象的一对牙是防御敌人的重要武器，鼻子就像人类用手一样灵活。

小知识

shēn bǐ shuǐ niú dà
身 比 水 牛 大 ，
bí zi tè bié cháng
鼻 子 特 别 长 。
zǒu lù hǎo yōu xián
走 路 好 悠 闲 ，
liǎng ěr néng shān liáng
两 耳 能 扇 凉 。

luó zi

骡子

骡子像马又不是马,像驴又不是驴。因为骡子的生育能力极弱,它们的后代延续基本上都是靠驴与马交配后所生,交配所生的驴骡和马骡负重能力大,体质强,是非常好的役畜。

小知识

sì mǎ bú shì mǎ
似马不是马,

xiàng lǘ bú shì lǘ
像驴不是驴。

yí chuán lǘ mǎ ài
遗传驴马爱,

yì shǐ wèi dà jiā
役使为大家。

zhāng

獐

獐是小型鹿科动物。灰色,喜在林丘地带生活。身材像羊,但没有角,是国家二级保护动物。主食以草本科为主。原产地在我国东部,19世纪后期被引入英国。

小知识

jiā zhù lín qiū jiān
家 住 林 丘 间 ,
quán shēn yī sè huī
全 身 一 色 灰 。
xì guān tóu shang quē
细 观 头 上 缺 ,
yǒu ěr dàn shǎo jiǎo
有 耳 但 少 角 。

cì wei
刺猬

刺猬浑身布满短而密的刺。喜欢生活在山地、农田、林丘灌木丛。昼伏夜出,对瓜果蔬菜很喜爱,同时也取食各种小动物。遇有险情时缩成一团以保护自己,其身上的利刺使敌人望而却步。

小知识

quán shēn zhǎng mǎn cì
全 身 长 满 刺,

yù xiǎn suō chéng tuán
遇 险 缩 成 团。

dí rén xīn fā chù
敌 人 心 发怵,

kǒu shuǐ liú bàn tiān
口 水 流 半 天。

hé mǎ
河马

河马，生长在非洲大陆。性情温顺，但发起怒来兽中之王都不敢轻易动它。主食以草本科为主，同时又是淡水物种中现存最大型的杂食性动物。河马的平均体重大约1.35吨，最大个体能达2.5吨左右。

小知识

qí xìng suī wēn shùn
其 性 虽 温 顺，

fà nù shī hǔ sǒng
发 怒 狮 虎 怂。

shén me shòu zhōng wáng
什 么 兽 中 王，

bù gǎn gēn tā pèng
不 敢 跟 它 碰。

huángshǔ láng

黄鼠狼

黄鼠狼是小型食肉动物，分布于我国各地。黄鼠狼也是一种很聪明的动物，对家禽如小鸡、小鹅、小鸭特别喜食，偶尔也吃其他小型动物，如老鼠等。在民间一直流传"黄鼠狼给鸡拜年没安好心"的寓言故事，更能证明它们聪明绝顶。

小知识

guò nián chuàn chuàn mén
过 年 串 串 门，

jī jiā tā xiān xíng
鸡 家 它 先 行。

shēn zhuó huáng pí ǎo
身 着 黄 皮 袄，

chī jī bù liú qíng
吃 鸡 不 留 情。

21

háo zhū

豪猪

豪猪，又称箭猪。有不同颜色，如灰色、白色和褐色。头小、眼小、四肢短粗，背部与尾部有长而硬的刺。分布在非洲、欧洲的地中海沿岸，亚洲西南部和东南部的热带和亚热带森林、草原中。喜食瓜果、蔬菜、草根等植物。

小知识

chuān zhuó zhēn yī shang
穿 着 针 衣 裳，

zǒu lù zhuàng zhuó dǎn
走 路 壮 着 胆。

yù yǒu xiǎn qíng shí
遇 有 险 情 时，

yī zhuāng pài yòng chǎng
衣 装 派 用 场。

xióngmāo

熊猫

熊猫是我国国宝，仅在我国西部部分地区有分布，数量极少，是世界上既稀有又珍贵的动物之一，同时也是国家一级保护动物。它胖嘟嘟的身体，黑白分明的线条，大大的黑眼圈，内八字的行走方式，甚是逗人喜爱。

小知识

shēn	zhuó	hēi	bái	zhuāng
身	着	黑	白	装 ，

liǎng	zhī	hēi	yǎn	kuàng
两	只	黑	眼	眶 。

dì	shang	dǎ	gè	gǔn
地	上	打	个	滚 ，

hān	hòu	kě	ài	yàng
憨	厚	可	爱	样 。

23

běi jí hú
北极狐

北极狐分布于北极圈寒冷地区。喜寒怕热,可在零下50℃的环境中生活,属小型食肉动物。食物来源以捕捉老鼠等小型动物为主。单独或成群活动。

小知识

jiā zhù běi jí quān
家 住 北 极 圈 ,

dōng pī xuě bái ǎo
冬 披 雪 白 袄 。

xiǎo xiǎo hēi bí jiān
小 小 黑 鼻 尖 ,

xiù jiào tè bié hǎo
嗅 觉 特 别 好 。

24

láng

狼

狼外形与狗、豺相似。奔走时喜夹着尾巴。捕食时，特别是猎捕牛羊等大型动物时都依靠群体力量。狼栖息范围广，适应性强，山地、林区、草原以至冰原均有狼群生存。狼常夜间活动，嗅觉灵敏，听觉很好，机警多疑，善奔跑，耐力强，常采用穷追的方式获得猎物。

小知识

xiàng gǒu bú shì gǒu
像 狗 不 是 狗 ，

wěi ba jiā zhe zǒu
尾 巴 夹 着 走 。

bǔ shí xǐ qún lì
捕 食 喜 群 力 ，

yě niú gǎn xià kǒu
野 牛 敢 下 口 。

25

jiǎo mǎ
角马

角马是生活在非洲草原上的大型羚羊。长得牛头、马面、羊须，头粗大且肩宽，后部纤细，比较像马。生活、迁徙都喜欢群聚。

小知识

liǎng	jiǎo	wān	sì	gōng
两	角	弯	似	弓

，

mǎ	liǎn	niú	er	shēn
马	脸	牛	儿	身

。

shēng	huó	xǐ	qún	jù
生	活	喜	群	聚

，

qiān	xǐ	xiàng	táo	bīng
迁	徙	像	逃	兵

。

cháng jǐng lù
长颈鹿

长颈鹿是一种生长在非洲的反刍偶蹄类动物。它们是世界上现存最高的陆生动物。站立时由头至脚可达6—8米，体重约700千克，刚出生的幼仔就有1.5米之高。

小知识

yǔ zhòng bù yī yàng
与 众 不 一 样 ，

gè tóu tè bié gāo
个 头 特 别 高 。

bó zi yóu qí cháng
脖 子 尤 其 长 ，

bēn zǒu rú mǎ pǎo
奔 走 如 马 跑 。

27

bān mǎ

斑马

斑马是一类常见于非洲的马科草食动物。斑马因身上有起独特保护作用的斑纹而得名。每只斑马身上的条纹都不一样。

小知识

shēn shang tiáo wén bān
身 上 条 纹 斑 ，
kàn sì hěn wēn shùn
看 似 很 温 顺 。
yù xiǎn yáng qǐ jiǎo
遇 险 扬 起 脚 ，
dí shǒu jiàn tā huāng
敌 手 见 它 慌 。

liè gǒu

鬣狗

鬣狗生活于非洲草原。体形似犬,灰色,比较适应干旱地区的生活。非洲鬣狗的颌骨强劲有力,刚出生没多久的小鬣狗即可咬裂羚羊的腿骨,但这种能力随着牙齿的长成会有所退化,但牙齿更有力。

小知识

huī huī yī shēn zhuāng
灰 灰 一 身 妆 ,

cǎo yuán shì zhù xiāng
草 原 是 住 乡 。

fǔ shī yě měi wèi
腐 尸 也 美 味 ,

shī kǒu gǎn fēn cān
狮 口 敢 分 餐 。

hú láng
狐狼

狐狼生活在北美洲。跑步特别快，嗅觉灵敏，专门捕获中小型动物。因为它们的脚掌较长，肢骨融合，适合长距离奔跑猎食。

小知识

pǎo bù tè bié kuài
跑 步 特 别 快，

xiù jué yě mǐn ruì
嗅 觉 也 敏 锐。

zhǎo dào mù biāo hòu
找 到 目 标 后，

nán táo qí lì kǒu
难 逃 其 利 口。

两栖爬行类动物

两栖：就是既能生活在水中，又能生活在陆地的动物，典型的两栖动物如青蛙。

爬行：有些脊椎动物摆脱了对水的依赖，能完全适应陆地生活，它们依靠躯干、四肢和尾部等，爬行着行走。这样的动物就是爬行动物。如我们通常能见到的壁虎，以及四脚蛇等。

qīng wā
青蛙

青蛙,仅在中国的蛙类中就有130种左右。都是捕捉和消灭农田、旱地害虫的高手。它们的主食都是昆虫和无脊椎动物。所以多善于游泳,生活在水边和树丛。它们可是我们人类的朋友,我们要好好保护他们哟。

小知识

yī shēng gū gū gā
一 声 咕 咕 嘎 ,

kē dǒu biàn qīng wā
蝌 蚪 变 青 蛙 。

xún luó nóng tián lǐ
巡 逻 农 田 里 ,

hài chóng bù jiàn le
害 虫 不 见 了 。

chán chú
蟾蜍

蟾蜍又称癞蛤蟆。在我国分为中华大蟾蜍和黑眶蟾蜍两种。都是捕捉害虫的能手。它们身上的皮是提取蟾蜍酥及蟾衣的最佳原料，医用价值极高。

小知识

bèng tiào lüè xiǎn màn
蹦 跳 略 显 慢，
mào bú suàn měi guān
貌 不 算 美 观。
bù yǔ tiān é bǐ
不 与 天 鹅 比，
xǐ jiāng hài chóng zhuō
喜 将 害 虫 捉。

yǎn jìngwángshé

眼镜王蛇

蛇,一般分为有毒蛇和无毒蛇两种。都是食肉性动物。有毒蛇对人畜有极大的伤害,被咬后如不及时救治,能造成生命危险,眼镜王蛇就是其中的一种。其头扁平而尖,是剧毒蛇。

小知识

rén chēng xiǎo lóng wáng
人 称 小 龙 王,
yù xiǎn bǎ tóu áng
遇 险 把 头 昂。
qì shì xiōng yòu hěn
气 势 凶 又 狠,
yǎo nǐ méi shāng liang
咬 你 没 商 量。

guī

龟

龟是世界上最古老的爬行动物之一。根据它们的习性不同,龟可以分为陆上生活及水中生活的龟,亦有长时间在海中生活的海龟。龟亦是长寿的动物,人们常用"龟鹤延年"喻祝长寿。龟兔赛跑是著名的寓言故事。

小知识

shēn fù jiān jiǎ qiào
身负坚甲壳,
shòu chuán dá qiān nián
寿传达千年。
yuē tù bǐ sài pǎo
约兔比赛跑,
duó guàn kān chēng qí
夺冠堪称奇。

è yú

鳄鱼

鳄鱼为食肉性动物。两亿年前,鳄鱼就生活在地球上,它和恐龙是同时代的动物。鳄鱼性情凶猛,是生态价值、科学价值及经济价值都极高的野生动物。目前,我国已有很多地区引入养殖。

小知识

kàn shàng tǐ hěn bèn
看上体很笨,
wěi zhuāng xiàng xiǔ gùn
伪装像朽棍。
mì shí xiōng yòu hěn
觅食凶又狠,
jìn zhī néng sàng mìng
近之能丧命。

jiǎ yú

甲鱼

甲鱼,俗称王八,卵生爬行动物,小鱼小虾是它的主食。平时生活在水中,遇到危险时它会钻到泥里。甲鱼不仅是餐桌上的美味佳肴,清蒸食用还有养阴之功效。

小知识

píng shí shuǐ zhōng cáng
平 时 水 中 藏 ，

yù xiǎn ní lǐ máng
遇 险 泥 里 忙 。

ruò xiǎng jiàn tā miàn
若 想 见 它 面 ，

pāi zhǎng shuǐ shang cuàn
拍 掌 水 上 窜 。

páng xiè

螃蟹

螃蟹是两栖爬行动物之一,它的大部分时间都用来找食物,小鱼小虾是它们的最爱,同时也吃一些腐烂的动物尸体。螃蟹味美,性凉,宜少吃。

小知识

chuān yī dài tiě jiǎ
穿衣带"铁甲",
chī shí kào qián jiā
吃食靠钳夹。
zǒu lù shí tiáo tuǐ
走路十条腿,
hèng xíng nù mù xiā
横行怒目瞎。

bì hǔ

壁虎

壁虎,俗称四脚蛇。身体扁平,四肢短,能在很小的缝隙中钻进钻出。人见到它还有点害怕,实际上它是不咬人的。壁虎专吃蝇、蚊、蛾等有害昆虫,对人类有益。

小知识

kàn shàng yǒu diǎn pà
看 上 有 点 怕 ,
shé shēn sì zhī jiǎo
蛇 身 四 只 脚 ,
wén chóng shì zhǔ shí
蚊 虫 是 主 食 ,
yǒu yì wèi dà jiā
有 益 为 大 家 。

zhī zhū
蜘蛛

蜘蛛生存本领主要以布网来获取食物。大蜘蛛布好的大网有时能捕到小鸟，大的昆虫更是难逃其罗网。另外蜘蛛的视力也很好，遇到猎物在30-50厘米内不需要网能猛扑过去将其抓住。

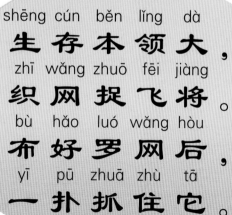

小知识

shēng cún běn lǐng dà
生 存 本 领 大，
zhī wǎng zhuō fēi jiàng
织 网 捉 飞 将。
bù hǎo luó wǎng hòu
布 好 罗 网 后，
yī pū zhuā zhù tā
一 扑 抓 住 它。

wá wa yú

娃娃鱼

　　娃娃鱼的叫声像婴儿的啼哭声,身材脚爪也有点像婴幼儿的手脚,故名娃娃鱼。这是世界上最珍贵的两栖动物,也是国家二级保护动物,还是农业开发及野生动物基因保护品种。它生长在大山深处的溪间沟壑,对环境和水质要求比较高。

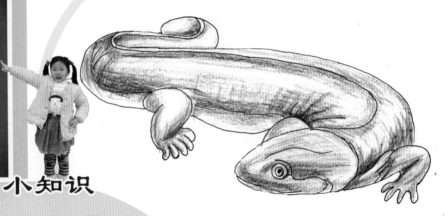

小知识

shēng zhǎng yú hè jiàn
生 长 于 壑 涧 ,
jiào shēng rú wá hǎn
叫 声 如 娃 喊 。
zǒu lù sì zhī shǒu
走 路 四 只 手 ,
wěi ba bǎ duò zhǎng
尾 巴 把 舵 掌 。

biàn sè lóng
变色龙

变色龙是非常奇特的爬行动物。捕获猎物主要靠舌头。它有适于树栖生活的物种特征和行为。身体长筒状，两侧扁平，头呈三角形，尾常卷曲，眼睛凸出，两眼可独立地转动。而且它们的舌头长度是自己身体的两倍。经常变换颜色，麻痹猎物，达到捕捉昆虫的最佳效果。

小知识

yuè biàn yuè hǎo kàn
越 变 越 好 看，

bù yòng pō cǎi huà
不 用 泼 彩 画。

chì chéng huáng lǜ zǐ
赤 橙 黄 绿 紫，

huà jiā dōu zàn tàn
画 家 都 赞 叹。

江湖海洋类动物

你知道吗？江河湖海生长着几十万种奇形怪状的鱼类及海洋动物。它们各个都身怀绝技，有的在觅食时"守株待兔"，有的身上带电，有的能跃出水面等等，总之，五花八门，各有门道，让人大开眼界。让我们一起来揭开它们的奥秘吧！

lǐ yú
鲤鱼

鲤鱼是我国常见的淡水鱼种。河、湖、池塘皆可生长。又是我国传统的吉祥鱼类,特别是春节时,年画对联都有鲤鱼的身影,什么鲤鱼跳龙门,年年有余(鱼)等,表达人们对未来生活的美好祈盼。

小知识

guò	nián	tiē	nián	huà
过	年	贴	年	画 ,

lǐ	yú	lè	hā	ha
鲤	鱼	乐	哈	哈 。

zhù	nǐ	tiào	lóng	mén
祝	你	跳	龙	门 ,

yǒu	yú	jìn	wàn	jiā
有	余	进	万	家 。

guì yú
鳜鱼

鳜鱼,是我国名贵淡水鱼种的一种。食鱼虾为生。捕食时生性凶猛,目标选中后的猎物都难逃其口。鳜鱼肉质细嫩,刺少肉多,味道鲜美,实乃鱼中之佳品。

小知识

shēn zhuó huā yī shang
身 着 花 衣 裳 ,
dàn shuǐ hǎo ān jiā
淡 水 好 安 家 。
gōng jī kuài yòu hěn
攻 击 快 又 狠 ,
liè wù nán táo guāng
猎 物 难 逃 光 。

lóng xiā

龙虾

龙虾是一种生存和繁殖能力极强的淡水物种。水沟、洼坑、湿地、池塘，它都能生存下去，腐烂食物都能享用。有时一晚能爬行300—500米甚至更远的地方寻找新的生存空间繁殖后代。

小知识

shēng cún néng lì qiáng
生 存 能 力 强 ，
shī dì dōu shì jiā
湿 地 都 是 家 。
chī hē bù jiǎng jiū
吃 喝 不 讲 究 ，
fǔ làn shí wù jiā
腐 烂 食 物 佳 。

xiā

虾

虾的种类很多,有青虾、草虾、基围虾、河虾、明虾、对虾、琵琶虾等。是生活在水中的节肢动物,身有一层甲壳,它既有营养价值,又有药用价值。食物主要是腐烂的草根、动物尸体及泥土块。

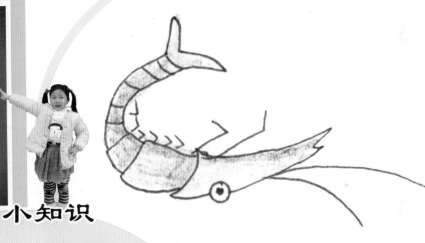

小知识

wǎng qián sù dù kuài
往　前　速　度　快，

tuì rú lóng zhōu sài
退　如　龙　舟　赛。

cǎo dòng shì zhù jiā
草　洞　是　住　家。

shí wù kěn tǔ kuài
食　物　啃　土　块。

shàn yú

鳝鱼

鳝鱼又名黄鳝。生长在热带及暖湿带,适应能力强,水沟、稻田、池塘、河道、湖泊都能生存。白天栖息,晚上出来觅食。食物主要以软体和昆虫类小动物为主,腐烂食物也是美味。

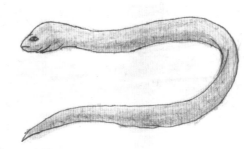

小知识

shēn shàng huá liū liu
身 上 滑 溜 溜,

yóu zǒu wú jiǎo shǒu
游 走 无 脚 手。

ní dì shì zhù jiā
泥 地 是 住 家,

shàn gōng yòu néng shǒu
善 攻 又 能 守。

48

泥鳅
ní qiū

泥鳅，浑身沾满了自身的粘液，因而滑腻难以被抓住。它适应性强，喜在腐烂的环境内生活，那样既好钻洞，又有取之不尽的上好食物。泥鳅被称为"水中之参"，是营养价值很高的一种鱼类。

小知识

hún	shēn	huá	nì	nì
浑	身	滑	腻	腻	，

zhuō	tā	bù	róng	yì
捉	它	不	容	易	。

xǐ	shí	fǔ	làn	zhì
喜	食	腐	烂	质	，

pēng	rèn	hǎo	měi	wèi
烹	饪	好	美	味	。

gǎn yú

鳡鱼

鳡鱼生性凶猛,满嘴利齿,属食肉性鱼类。贪食,不分荤食、素食,见了就吃,有食就抢,能吞下比自己嘴大的鱼类。追逐猎物时,比其它鱼类都快许多,是淡水鱼中的王中王。

小知识

zuǐ jiān shēn cái cháng
嘴 尖 身 材 长,
shuǐ lǐ wáng zhōng wáng
水 里 王 中 王。
zhuī zhú lí xián jiàn
追 逐 离 弦 箭,
chù tā tóng lèi wáng
触 它 同 类 亡。

50

ān zǐ yú

鲛子鱼

鲛子鱼,又称黄鲛,食用性鱼类。喜夜间出来觅食,如小鱼、小虾、各类陆生和水生昆虫,软体无脊椎动物等。牙齿锋利,其选中的目标一般都难以逃走。

小知识

huáng hēi yī shēn zhuāng
黄 黑 一 身 装 ,
bái tiān dòng lǐ cáng
白 天 洞 里 藏 。
yú xiā mén qián guò
鱼 虾 门 前 过 ,
biàn shì tā měi cān
便 是 它 美 餐 。

hé tún
河豚

河豚鱼在淡水中是一种带毒的鱼类。受到威胁时能快速将水或空气吸入极具弹性的胃中,在短时间内膨胀数倍,吓退掠食者,保全自己。同时也将带刺的躯体竖起,使对方难以吞食。河豚鱼有毒,不能食用,尤其是野生河豚鱼,切忌食用。

小知识

shēn shàng huā wén bān
身 上 花 纹 斑 ,
liǎng yǎn dīng qián fāng
两 眼 盯 前 方 。
yù yǒu xiǎn qíng guò
遇 有 险 情 过 ,
qì wǎng dù lǐ zhuāng
气 往 肚 里 装 。

shā táng lǐ
沙塘鳢

沙塘鳢俗称呆子鱼、四不象。喜生活于河沟及湖泊近岸多水草、瓦砾、石隙、泥沙底层。游泳力弱,冬季潜伏在水层较深处或石块下越冬。以虾、小鱼为主食。

小知识

shēn chuān huā hēi shān
身 穿 花 黑 衫 ,
běn sè shèng huà zhuāng
本 色 胜 化 妆 。
mì shí kào shǒu hòu
觅 食 靠 守 候 ,
shí fèng bǎ shēn cáng
石 缝 把 身 藏 。

nián yú
鲇鱼

鲇鱼，属大嘴巴鱼。躯体粘滑，食肉性鱼类，隐于草丛或石块下。喜夜间出来觅食，捕食对象多为小型鱼类，如鲫鱼、泥鳅等。同时也吃水中昆虫、软体类动物等。

小知识

zuǐ dà wěi ba xiá
嘴 大 尾 巴 狭，
qū tǐ nián huá huá
躯 体 粘 滑 滑。
hú xū sāi biān guà
胡 须 鳃 边 挂，
lüè shí xiǎo yú xiā
掠 食 小 鱼 虾。

cǎo yú
草鱼

草鱼,为草食性鱼类。幼鱼期则吃幼虫和藻类,长大后也吃一些荤食,如蝗虫、蚯蚓、蚂蚱等。无人养殖的草鱼吃湖泊、池塘自然生长的青草。人工养殖的吃陆地生长的多种嫩草。同时也吃麦子、稻谷、大豆等杂粮。

小知识

míng zi jiào de hǎo
名字叫得好,
zhǔ shí zhuān mì cǎo
主食专觅草。
suī shì shuǐ zhōng shēng
虽是水中生,
lù dì nèn cǎo bǎo
陆地嫩草饱。

mán yú

鳗鱼

鳗鱼是世界上最"绿色"的水中鱼类。它在深海中产卵繁殖,在淡水环境中成长,在无污染的水域栖身。它性情凶猛,贪食好动,昼伏夜出。它最喜爱的还是动物腐烂的尸体。

小知识

zuǐ jiān shēn zi huá
嘴 尖 身 子 滑,
pí fū huī bái zhuāng
皮 肤 灰 白 妆。
zǒu lù tóu wěi yáo
走 路 头 尾 摇,
xǐ wǎng jìng shuǐ guàng
喜 往 净 水 逛。

lián yú

鲢鱼

鲢鱼,一般分为大头鲢和白鲢两种。体型侧扁,灰、白两种颜色。食物主要是水中微生物、动物粪便及泥土等。生活喜群聚,性情急躁,遇有险情时能跳出水面一米多高。

小知识

shēn tǐ hěn jiǎo jiàn
身 体 很 矫 健 ,
ní tǔ dāng liáng shi
泥 土 当 粮 食 。
shēng huó xǐ qún jù
生 活 喜 群 聚 ,
yù xiǎn yuè shuǐ miàn
遇 险 跃 水 面 。

qīng yú
青鱼

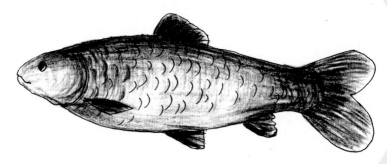

青鱼又名螺丝青鱼,生活在江湖河塘中。小的时候主要食水中的微生物及软体动物。长大后,开始以螺丝为主食,故名螺丝青鱼。是我国家鱼养殖的品种之一。

小知识

yī shēng zhuān chī hūn
一 生 专 吃 荤 ,

zhǎng de pàng dūn dūn
长 得 胖 墩 墩 。

zhǔ shí luó sī ké
主 食 螺 丝 壳 ,

bāng zhù chí táng qīng
帮 助 池 塘 清 。

chāng yú
鲳鱼

鲳鱼因身材扁,故而又叫扁鱼。头小、口小、驼背。体为银灰色,背部青灰色,尾巴分叉。喜吃水草、陆地嫩草、软体类小动物及人类所吃的五谷杂粮等。是热带和亚热带食用观赏兼备的鱼类。

小知识

zuǐ xiǎo yǎn jīng yuán
嘴 小 眼 睛 圆 ,

shēn tǐ tuó yòu biǎn
身 体 驼 又 扁 。

wěi ba fēn liǎng chā
尾 巴 分 两 叉 ,

shuǐ zhōng yóu piān piān
水 中 游 翩 翩 。

黑鱼

hēi yú

黑鱼,又名乌鱼。性凶猛,是典型的"孝子鱼"。在小黑鱼出卵后,条条都要游到母亲嘴里任母亲享用,来报答母亲的养育之恩。由于报恩心切,母亲一下子难以尽享,便从妈妈腮中漏出,便有了生存下来的小黑鱼。

小知识

yī shēn huī hēi pí
一 身 灰 黑 皮,
shēng cún bù róng yì
生 存 不 容 易。
bào ēn gōng mǔ fù
报 恩 供 母 腹,
gē yín sān chūn huī
歌 吟 三 春 晖。

hǎi shī
海狮

海狮性情温顺,喜群聚生活。视觉较差,但听觉灵敏。食物主要是鱼虾。3-5岁性成熟,雌狮每胎仅产1仔,寿命可达20年左右。

小知识

lù àn xíng zǒu màn
陆 岸 行 走 慢 ,

hǎi yǒng tā zuì bàng
海 泳 它 最 棒 。

shēng huó xǐ qún jù
生 活 喜 群 聚 ,

yú xiā yǎng tā zhuàng
鱼 虾 养 它 壮 。

hǔ jīng

虎鲸

虎鲸是海洋中的巨无霸，身长为8-10米，体重9吨左右。身体分为黑白两色。嘴巴细长，牙齿锋利，性情凶猛，是企鹅、海豹等动物的天敌。

小知识

tǐ　cháng　zhǎng　hēi　bān
体　长　长　黑　斑，
bǔ　shí　dà　jiā　bāng
捕　食　大　家　帮，
xuǎn　zhòng　mù　biāo　hòu
选　中　目　标　后，
hǎi　bào　nán　táo　cān
海　豹　难　逃　餐。

hǎi bào
海豹

海豹是海洋动物中的一员。身体粗圆,岸上行走非常缓慢,全身披短毛,背部蓝灰色,腹部乳黄色,带有蓝黑色斑点,毛色随年龄变化。食物主要是海里的鱼虾。

小知识

àn shàng dòng zuò màn
岸 上 动 作 慢 ,

hǎi yǒng shì jiàn jiāng
海 泳 是 健 将 。

mì dào yú qún hòu
觅 到 鱼 群 后 ,

qún bǔ tā zuì bàng
群 捕 它 最 棒 。

昆虫类动物

你知道昆虫吗?

昆虫在动物王国中所占的比例是最多的,有100万种之多。昆虫的生长过程都是从很小很小的卵开始一点点长大,变成昆虫。下面,我们就认识一下常见的昆虫吧!

mǎ yǐ
蚂蚁

蚂蚁是常见的一种昆虫。一般身体很小,有黑、黄、红、白等色。别看它们小,精神可不得了,组织纪律性强,团结起来能搬动比自己体重重上百倍的物体,较大的骨头都能挪动。

小知识

bié kàn shēn tǐ xiǎo
别 看 身 体 小 ,
jīng shen bù dé liǎo
精 神 不 得 了 。
tuán jié yí shān lì
团 结 移 山 力 ,
bān dòng dà gǔ tou
搬 动 大 骨 头 。

hú dié
蝴蝶

蝴蝶,体态翩翩,十分美丽,观赏价值高。但对林木、蔬菜等草本科植物是有害的。它吃的都是嫩芽、菜心等植物生长的要害部位,是我们人类的害虫之一。

小知识

shēn zī zhēn hǎo kàn
身 姿 真 好 看 ,
hài chóng méi shāng liang
害 虫 没 商 量 。
piān piān lín lín mù
翩 翩 临 林 木 ,
yǒu hài shù shēng zhǎng
有 害 树 生 长 。

mì fēng
蜜蜂

蜜蜂是勤劳的昆虫,也是组织纪律性很强的物种,蜂王要酿出500克的蜂蜜,工蜂则需要来回飞行3-7万次去采集花蜜,带回蜂房。蜜蜂飞行速度也极快,它空腹飞行时速达每小时40公里,满载而归时,时速也能达20-24公里。

小知识

wēng wēng shēng shēng hǎn
嗡 嗡 声 声 喊,

huā kāi cǎi mì máng
花 开 采 蜜 忙。

qín láo shì běn fèn
勤 劳 是 本 分,

bù xū zhǔ rén fán
不 须 主 人 烦。

táng láng
螳螂

螳螂是我们人类的朋友。在田间地头，都能发现它捕捉害虫的身影。它残暴好斗，缺食时，同类也是它的美味。同时它也是黄雀攻击的对象之一，在成语中有"螳螂捕蝉黄雀在后"之说。

小知识

liǎng yǎn dīng qián fāng
两 眼 盯 前 方 ，
zhǐ zhī tián jī huāng
只 知 填 饥 荒 。
bǔ dào liè wù hòu
捕 到 猎 物 后 ，
xū bǎ huáng què fáng
须 把 黄 雀 防 。

cāng yíng

苍蝇

苍蝇,是常见的四大害虫之一,对人类是有百害而无一利。它污染食物,越臭越脏的地方是它生存的最佳环境。烧烤香味处也有它光顾的身影。是传播痢疾等疾病的罪魁祸首。

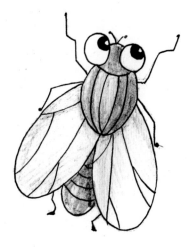

小知识

fǔ chòu chù chéng zhǎng
腐臭处成长,
fēi xíng wēng wēng xiǎng
飞行嗡嗡响。
rén jiàn rén xīn fán
人见人心烦,
xī bù zé chòu xiāng
栖不择臭香。

wén zi
蚊子

蚊子人人厌恶，是四害之一。能传播多种病菌，甚至引发大规模传染病流行，在非洲发生的"寨卡"传染病就是其中一例。据有关资料，世界上因蚊子传播疾病致死人数每年达70多万。

小知识

bái tiān tā shuì jiào
白 天 它 睡 觉，

wǎn shang zhǎo rén yǎo
晚 上 找 人 咬。

chèn rén shóu shuì shí
趁 人 熟 睡 时，

xī nī yǎng yǎng jiào
吸 你 痒 痒 叫。

chòuchóng
臭虫

臭虫是分布最广泛的人类寄生虫之一。吸食人血和温血动物的血液。幼虫的腹部、背部或胸部有一对月形的臭腺，散发出臭味让人恶心。

小知识

chuáng bǎn fèng lǐ cáng
床 板 缝 里 藏 ，

yǎo rén tā fēng kuáng
咬 人 它 疯 狂 。

tǐ xíng bìng bù dà
体 形 并 不 大 ，

zhuō tā yǒu diǎn nán
捉 它 有 点 难 。

tiào zǎo
跳蚤

跳蚤,因其会蹦跳,故定名跳蚤,无特常之宿主,在各种有毛的动物身上寄生,甚至也可以在无生命的地毯上生存。它不吃东西也可存活一年左右。

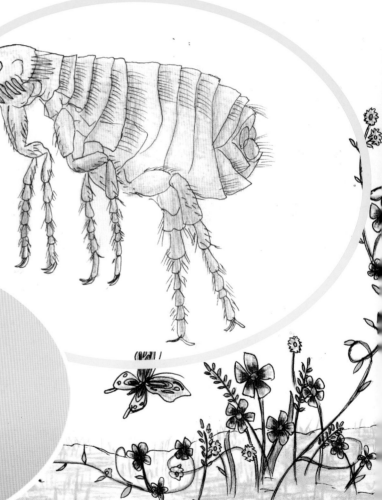

小知识

xiǎo	rú	hēi	zhī	ma
小	如	黑	芝	麻 ，

bèng	tiào	nán	zhǎo	tā
蹦	跳	难	找	它 。

zhuō	shí	shǒu	yào	kuài
捉	时	手	要	快 ，

liú	xià	zāo	tā	yāng
留	下	遭	它	殃 。

shī zi

虱子

虱子属寄生虫动物。它不但寄生在陆生哺乳动物及少数海栖哺乳动物身上,人类也常被其寄生。它使宿主身上奇痒无比,还能传播疾病。

小知识

tuǐ duō zǒu lù màn
腿 多 走 路 慢 ,

jì shēng shēn shang cáng
寄 生 身 上 藏 。

yī dàn yǒu le tā
一 旦 有 了 它 ,

mǎ shàng náo yǎng yang
马 上 挠 痒 痒 。

wú gōng
蜈蚣

蜈蚣在农村多见，城市相对较少。主要与它生活习性有关。它喜在阴暗潮湿的环境中生存。属食肉性动物，主要捕食一些昆虫。蜈蚣有毒腺分泌毒液，可入药。

小知识

shù tiáo tuǐ zǒu lù
数 条 腿 走 路 ，
kàn shàng xiàng màn bù
看 上 像 漫 步 。
shēn shang yī jié jié
身 上 一 节 节 ，
yǒu dú yào xiǎo xīn
有 毒 要 小 心 。

xiē zi
蝎子

蝎子，它没有耳朵，所有行动都是依靠表面的感觉毛辨别。它的感觉毛十分灵敏，在一米范围内能感觉到猎物的活动。它有毒，可入药。

小知识

zǒu	lù	wěi	ba	qiào
走	路	尾	巴	翘

，

gǎn	yìng	guā	guā	jiào
感	应	呱	呱	叫

。

suī	rán	shēn	yǒu	dú
虽	然	身	有	毒

，

yào	pù	bù	kě	shǎo
药	铺	不	可	少

。

cán

蚕

蚕，俗称蚕宝宝。蚕食桑叶，吐丝成茧，茧经处理，可抽成丝，再织成布，成为美丽的丝绸。蚕的一生短暂，但供给人类的财富是源远流长的。唐诗有"春蚕到死丝方尽"的佳句。

小知识

yī shēng suī duǎn zàn
一 生 虽 短 暂 ，

lì rén yì chù dà
利 人 益 处 大 。

chī de shì sāng yè
吃 的 是 桑 叶 ，

tǔ chū měi yī shang
吐 出 美 衣 裳 。

伸屈虫

伸屈虫属无脊椎动物,行动时一伸一屈像个拱桥。在人们日常生活中往往比喻人有大气量,能伸能屈,取得成绩时不骄傲,受到挫折时不气馁,像伸屈虫那样伸也向前,屈也向前。

小知识

zǒu lù shēn qū xíng
走 路 伸 屈 行 ,

bù bù mài xiàng yíng
步 步 迈 向 赢 ,

shēn shì xiàng qián jìn
伸 是 向 前 进 ,

néng qū sài jīn yín
能 屈 赛 金 银 。

fēi é
飞蛾

飞蛾属昆虫类物种,昼伏夜出。夜晚,只要有亮光的地方,都有它们的踪影,同时飞蛾也是害虫之一。飞蛾是鸟类、爬行类、两栖类等食虫性动物的主要食物来源。

小知识

bái tiān nán kàn dào
白 天 难 看 到 ,
wǎn shang chū lái rǎo
晚 上 出 来 扰 ,
jiàn yǒu liàng guāng chù
见 有 亮 光 处 ,
pīn mìng còu rè nào
拼 命 凑 热 闹 。

78

zhī liǎo

知了

知了，又名蝉。长短只有几公分，喊叫声却很响亮，特别是到了立夏时节至秋天达到顶峰。知了可食用，在土中最短也要待3年，最长可达17年，出土后，爬到树上，直至死亡。

小知识

cháng duǎn jǐ gōng fēn
长 短 几 公 分，
hǎn jiào yīn liáng hóng
喊 叫 音 量 洪。
yuǎn tīng wǔ lǐ dì
远 听 五 里 地，
jìn tīng chǎo shà rén
近 听 吵 煞 人。

zhānglángg
蟑螂

蟑螂是人见人烦的害虫。生存能力极强,什么地方都能藏身。它什么都吃,香的、臭的、衣、木、粪便、痰液及小动物的尸体等都是它的美食。是人们日常生活中的一大害虫。

小知识

shēn shang chòu hōng hōng
身 上 臭 烘 烘 ,

rén jiàn rén fán xīn
人 见 人 烦 心 。

shén me tā dōu shí
什 么 它 都 食 ,

fèng xì kě cáng shēn
缝 隙 可 藏 身 。

屎壳螂

shǐ ké láng

屎壳螂,顾名思义以吃屎为生。它能利用月光偏振现象进行定位,帮助取食,有一定的趋光性。钻进牛屎堆里能把粪便滚成团,推行向前,直至到家。有"自然清道夫"称号。

小知识

bèi jǐ fù hēi jiǎ
背脊覆黑甲,

liù tuǐ wǎng qián pá
六腿往前爬。

chī shǐ dāng shí wù
吃屎当食物,

huán wèi duō kuī tā
环卫多亏它。

禽鸟类动物

禽，通常分家禽和野禽。家禽是家养的鸡、鸭、鹅之类的动物。野禽如在天上飞的天鹅、大雁、野鸡等。野禽，我们通常也称其为鸟。

鸟，一般分两种，一种是会飞的，一种是不会飞的，会飞的鸟种类繁多，在此不多解释，不会飞的如鸵鸟、企鹅等，它们也属于鸟类。

下面就让我们一起来认识几种常见的禽鸟吧！

mǔ jī
母鸡

鸡是人类饲养的最普通的家禽。鸡通人性,懂人语,民间有"家鸡打得团团转,野鸡不打也自飞"之说。母鸡孵出小鸡后,它会用伟大的母爱将小鸡抚养长大,即使自己再饿也会将找到的食物喂养小鸡。

小知识

mǔ jī yī shēng hǎn
母 鸡 一 声 喊,
xiǎo jī bēn lái máng
小 鸡 奔 来 忙。
mā ma nìng yuàn è
妈 妈 宁 愿 饿,
xīn kàn zǐ chī xiāng
欣 看 子 吃 香。

gōng jī

公鸡

公鸡,其冠大而红,身披美丽的羽毛。要论漂亮,母鸡自愧不如它。公鸡善啼、能报晓。公鸡也是法国的国鸟,法国人看重它那英勇、顽强好斗的性格。

小知识

tiān shēng hǎo nào líng
天 生 好 闹 铃,
tí jiào bào xiǎo shēng
啼 叫 报 晓 声。
jī guān dà ér hóng
鸡 冠 大 而 红,
yǔ máo sài pī fēng
羽 毛 赛 披 风。

野鸡

yě jī

野鸡又名雉鸡、七彩锦鸡、山鸡等。集肉用、观赏和药用于一身。野鸡的羽毛别具特色,还可以制成羽毛扇、羽毛画、玩具等工艺品。

小知识

shēn duǎn wěi ba cháng
身　短　尾　巴　长　,

yù xiǎn fēi qǐ hǎn
遇　险　飞　起　喊　。

jiàng luò dì miàn hòu
降　落　地　面　后　,

mái tóu xiàng qián cáng
埋　头　向　前　藏　。

é

鹅

鹅是人类驯化的一种家禽。它来自于野生的鸿雁或灰雁。中国家鹅来自于鸿雁,欧洲家鹅则来自灰雁。家鹅大致分中国鹅和欧洲鹅两个系统。中国鹅起源于东北,是一个很古老的鹅种。

小知识

rén yù dāi tóu nǎo
人 喻 呆 头 脑 ,
jiàn rén dōu bù pǎo
见 人 都 不 跑 。
zì kàn zì jǐ dà
自 看 自 己 大 ,
tái tóu shì jǐng gào
抬 头 是 警 告 。

yā

鸭

鸭，嘴扁平，身材相对较小，颈短，腿位于身体后方，故步态蹒跚，走路一摇一摆，在陆地上走路不快。鸭喜在水中活动，觅食也在水中，能捉水中小鱼虾维生。

小知识

lù　dì　xíng　zǒu　màn
陆 地 行 走 慢，
fú　shuǐ　shì　qiáng　xiàng
凫 水 是 强 项。
shēng　jiù　shuāng　píng　zú
生 就 双 平 足，
yáo　huàng　bù　hǎo　kàn
摇 晃 不 好 看。

dà yàn

大雁

大雁又称野鹅,是我国二级保护动物。每年的十月都要从北方飞往南方过冬,属大型候鸟。在飞行过程中,用叫声传递迅息,鼓励同伴。雁队一般六只,或以六只以上的倍数组成,都是家庭式组合。

小知识

lǎo jiā zài běi guó
老 家 在 北 国 ,

guò dōng fēi nán fāng
过 冬 飞 南 方 。

cháng kōng yī duì yàn
长 空 一 队 雁 ,

rén zì piān piān fān
人 字 翩 翩 翻 。

yuānyang

鸳鸯

鸳鸯像鸭子,但比鸭身材小,嘴扁,喜在水中生活,是著名的观赏鸟类。鸳鸯一般雌雄相伴,不离不弃。如遇不测,雌雄或少一只,则另一只独自生活后半生。人们常用鸳鸯来比喻男女之间的爱情。

小知识

xiàng yā bú shì yā
像 鸭 不 是 鸭 ,

dōu chuān huā yī shang
都 穿 花 衣 裳 。

zhōng shēn wéi bàn lǚ
终 身 为 伴 侣 ,

zhōng zhēn bù fēn sàn
忠 贞 不 分 散 。

wū yā

乌鸦

乌鸦嘴黄，身黑。它的体色有黑色、黑白色、黑灰色等，而且有美丽的紫色和蓝色，绿色或银色闪光。乌鸦能啄食农业害虫，也喜食腐食，有利于消除动物尸体等对环境的污染，起着净化环境的作用。乌鸦是一种益鸟。人们习俗上认为鸦叫预示不祥，是没有道理的。

小知识

shēn chuān hēi yī shang
身 穿 黑 衣 裳 ,
wù dú duō yuān wang
误 读 多 冤 枉 。
wǒ míng zì wǒ míng
我 鸣 自 我 鸣 ,
hé céng bù jí xiáng
何 曾 不 吉 祥 。

xǐ què

喜鹊

　　喜鹊人人喜欢,人们听到它的叫声,往往都认为有喜事来临。喜鹊有很强的适应能力,在山区、平原都有栖息,特别是人类活动越多的地方,它的数量往往就越多,人迹稀罕的地方,难以见到它们的身影。

小知识

míng	zì	tǎo	le	qiǎo	
名	字	讨	了	巧	,

zuǐ	tián	rén	rén	xiǎo	
嘴	甜	人	人	晓	。

jī	jī	yòu	chā	chā	
叽	叽	又	喳	喳	,

guì	kè	dēng	mén	liǎo	
贵	客	登	门	了	。

māo tóu yīng

猫头鹰

猫头鹰是国家二级保护动物。头部与猫极其相似，捕食主要以田鼠为主，昼伏夜出。一只成鹰一年要吃掉几百只田鼠，因此猫头鹰是一种益鸟。

小知识

xiàng māo bú shì māo
像 猫 不 是 猫，
māo liǎn niǎo ér shēn
猫 脸 鸟 儿 身。
mì qǔ shí wù shí
觅 取 食 物 时，
lǎo shǔ xià jìn shēng
老 鼠 吓 禁 声。

yīng wǔ
鹦鹉

鹦鹉它有善学人语的技能。它的羽毛艳丽,常被人们作为宠物饲养。如果家里养鹦鹉可不能在它面前随便说话哟,不然,它会把你的俏俏话告诉别人的。

小知识

piào liang chǒng wù niǎo
漂 亮 宠 物 鸟,
tiān shēng yǒu yì néng
天 生 有 异 能。
zhǔ rén shuō de huà
主 人 说 的 话,
yī huì tā huán yuán
一 会 它 还 原。

bā ge

八哥

八哥是一种益鸟,喜吃各种昆虫类,是森林卫士之一。在我国南方种群数量较普遍,也是颇受欢迎的笼养鸟。它不但能模仿其它鸟的鸣叫,还能模仿简单的人语。

小知识

yǔ máo yī shēn hēi
羽毛一身黑,
jiǎn dān huà huì shuō
简单话会说。
yǔ rén néng jiāo liú
与人能交流,
bèng tiào ràng rén yuè
蹦跳让人悦。

bái lù
白鹭

白鹭，生性胆小，很远见人即飞。飞行时两脚往后，超出尾外，从容不迫，呈直线飞行。食物以小鱼、小虾、蚯蚓等为生。主要生活在我国南方。

小知识

jiǎo cháng shēn bù cháng
脚 长 身 不 长，

fēi xíng duō piān piān
飞 行 多 翩 翩，

jiā zhù xiǎo shù lín
家 住 小 树 林，

shī dì bù chóu liáng
湿 地 不 愁 粮。

95

yàn zi
燕子

　　燕子是一种益鸟，专吃有害昆虫，是典型的候鸟。秋去春来，仅春来后几个月，一只燕子要吃掉25万只害虫。巢一般都建在宅院通风干燥的地方。别忘了，燕子到谁家筑巢，可吉祥了，我们要好好保护它哟。

小知识

zuǐ　lǐ　jī　gu　lū
嘴　里　叽　咕　噜 ，

yǔ　rén　dǎ　zhāo　hu
与　人　打　招　呼 ，

jiè　zhù　zhǔ　rén　wū
借　住　主　人　屋 ，

wèi　nǐ　sòng　jí　xiáng
为　你　送　吉　祥 。

má què

麻雀

麻雀是人类常见的鸟类，多半活动在人类居住的地方。它警惕性高，好奇心强。它的巢多营造在人类的房屋处，如屋檐、墙洞等，有时会占领家燕的窝巢。在野外的麻雀，多半在树林中建巢。

小知识

shēn shang má diǎn bān
身 上 麻 点 斑，

chéng tiān jī jī zhā
成 天 叽 叽 喳。

zhǔ yào chī hài chóng
主 要 吃 害 虫，

fáng yán bǎ jiā ān
房 檐 把 家 安。

zhuó mù niǎo

啄木鸟

啄木鸟是著名的森林卫士,对生活在毛竹里的害虫也不放过。由于啄木鸟食量大,活动范围广,在十几公顷的森林中,若有一对啄木鸟栖息,一个冬天可啄食吉丁虫90%以上。

小知识

shù shàng zhuó zhuó zhuó
树 上 啄 啄 啄,
yí shì rén qiāo jī
疑 是 人 敲 击。
zǐ xì kàn yī kàn
仔 细 看 一 看,
niǎo ér zhǎo chóng máng
鸟 儿 找 虫 忙。

huī xǐ què
灰喜鹊

灰喜鹊又名洋喜鹊。外形酷似喜鹊,但比喜鹊小,它的体长33-40cm,也是我国最著名的益鸟之一。据统计,一只灰喜鹤一年要吃掉松毛虫15000条左右,可保护一亩松林免受松毛虫侵害。

小知识

tóu hēi yī shēn huī
头 黑 一 身 灰 ,
hù lín wú yuàn huǐ
护 林 无 怨 悔 。
hēi cháng sōng máo chóng
黑 长 松 毛 虫 ,
chōng zuò pán zhōng shí
充 作 盘 中 食 。

zhè gū
鹧鸪

鹧鸪又名野鸽子，是鸟类的一种。体型似鸡又比鸡小，羽毛大多灰白相杂。成年的鹧鸪全长约30厘米，重约300克左右，多生活在丘陵地带的灌木丛中。它食性杂，多以昆虫和五谷杂粮为主。

小知识

huī huī yī shēn zhuāng
灰 灰 一 身 装，
sì gē fēi xùn yǎng
似 鸽 非 驯 养。
gāo fēi cháng kōng xià
高 飞 长 空 下，
shù shàng rù mèng xiāng
树 上 入 梦 乡。

bái tóu wēng
白头翁

白头翁幼小时灰灰一身发绿的毛，随着渐渐长大，腹部和头部慢慢变白。它生性活泼，集群于果树上活动。不太怕人，食性杂，既喜食树上果子，也吃其它植物性食物，还有昆虫类。有一则寓言故事说，白头翁一生想学的东西很多，学到头发白了还一事无成。启示我们做事要善始善终，不要虎头蛇尾。

小知识

zì yòu qí wàn wù
自 幼 奇 万 物 ，
shén me dōu xiǎng xué
什 么 都 想 学 。
sān xīn xí jì qiǎo
三 心 习 技 巧 ，
èr yì tóu dǐng bái
二 意 头 顶 白 。

101

bù gǔ niǎo

布谷鸟

布谷鸟俗称光棍鸟。体形大小和鸽子相仿,尾巴比鸽子稍长,身材细长,黑灰色。一生中无家可归,从不筑巢。繁殖后代都由鹪鹩完成。几乎昼夜都能听到它的叫声"布谷""布谷"。

小知识

dú zì kōng zhōng xíng
独 自 空 中 行 ,

biān fēi biān sōu xún
边 飞 边 搜 寻 。

quàn rén duō bù gǔ
劝 人 多 布 谷 ,

bù fù sān yáng chūn
不 负 三 阳 春 。

yú yīng
鱼鹰

鱼鹰平时栖息于河川和湖沼中,常低飞,掠过水面。飞行姿态与雁类相似,常成群排成人字形飞行,不惧怕人。它捕鱼本领高超,目标选中后,游鱼难逃其口。所以,鱼鹰自古就被人们驯养,用以捕鱼。

小知识

zǒu lù màn téng téng
走 路 慢 腾 腾,
bǔ yú tā xiǎn néng
捕 鱼 它 显 能。
jiāng zhōng lǎo yú fū
江 中 老 渔 夫,
chuán tóu tā zuò bàn
船 头 它 作 伴。

企鹅

qǐ é

企鹅生长在南极洲及其附近海洋，能在零下60℃的严寒中生活、繁殖。在陆地上站立活像身穿燕尾服的西方绅士，走起路来，一摇一摆。水上本领极强，两只短小的翅膀，成了它有力的划桨，时速可达25—30公里，一天可游160公里左右。

小知识

shēng zhǎng hán bīng yáng
生 长 寒 冰 洋，

yōu yóu shēn shì yàng
悠 游 绅 士 样。

shuǐ zhōng běn shì dà
水 中 本 事 大，

néng kàng bào fēng hán
能 抗 暴 风 寒。

104

野鸭

yě yā

野鸭虽带有野性,但胆小,警惕性高,若有陌生人或畜接近即发出惊叫,成群逃避。如突然受惊,则拼命逃窜高飞。野鸭能进行长途的迁徙飞行,最高的飞行速度能达到时速110公里。

小知识

cí xìng zuǐ guā guā
雌 性 嘴 呱 呱,

xióng xìng sǎng zi yǎ
雄 性 嗓 子 哑。

yù xiǎn jí jīng jiào
遇 险 即 惊 叫,

wéi kǒng bèi bǔ zhuā
唯 恐 被 捕 抓。